揭秘大自然

THE SECRETS OF NATURE

广州童年美术设计有限公司 编著

江苏少年儿童出版社

目录

为什么太阳系中只有地球上存在生命？

阳光、空气、水、一定的温度以及其他的营养物质，是生命赖以存在的条件。在太阳系中，地球离太阳的距离比较适当，其质量、体积也比较适当。因此，地球可以把水分、大气吸引住，形成适合生命生存的生物圈，而其他行星则离太阳太近或太远，生命难以生存。

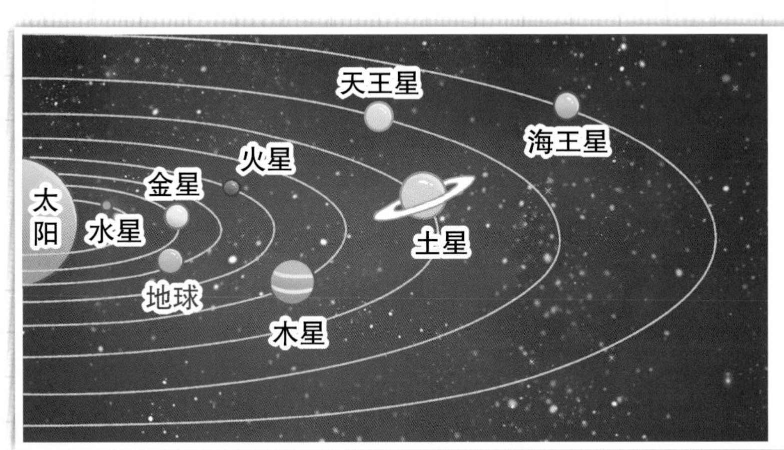

地球是太阳系从内到外的第三颗行星，也是太阳系中直径、质量和密度最大的类地行星。

地球表面约71%的面积都被海洋覆盖着。海水是蓝色的，因此从太空中看，地球整体也是蓝色的。

地球每时每刻都在转动着，而我们却感觉不到。这是因为地球转动的时候，我们和周围的景物也跟着地球同步转动。

地球的自转和公转都是地球的重要运动形式。地球自转产生了昼夜之分，周期约为24小时；地球公转形成了四季变化，周期约为一年。

为什么木星是太阳系中最大的行星？

木星的体积是地球的 1300 多倍。如果把木星比作一个金鱼缸，那么地球仅仅只是金鱼缸里装满的 1300 多颗玻璃球中的一颗。木星的质量也极其巨大，它的质量是地球质量的 300 多倍。就算把太阳系其他七大行星合在一起，木星的质量仍然超过其他七大行星质量总和的 2.5 倍。

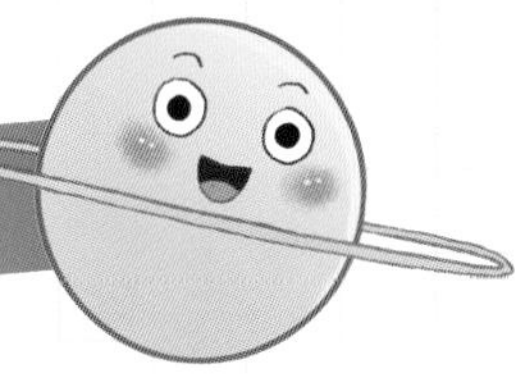

木星上的大气中含有许多复杂的物质，这使得它与地球上只有白色的云不一样，木星上的云是五颜六色的。

木星的天气是太阳系中最“狂野”的天气，如风速可达 335 千米 / 秒、大气中会结成比整个地球还大的冰雹、巨大暴风雨中闪电的能量足以把一座城市毁掉等。

我的个头最大。
哼，那又怎样，都没人愿意去你那住。
木星

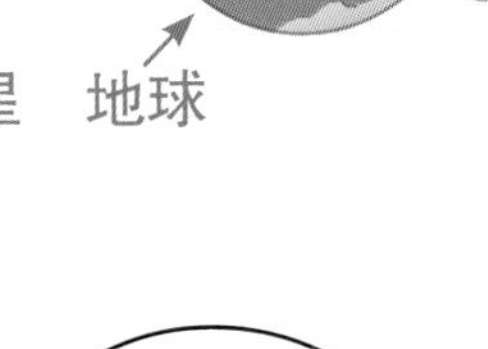

据宇宙飞船发回的考察结果表明，木星有较强的磁场，它的表面磁场强度达 3~14 高斯，比地球表面磁场强得多。

物竞天择，适者生存！

木星
呀，这里的磁场太强了！

太阳系形成之初，各个行星之间曾展开残酷而激烈的“生存竞争”，小行星之间不断发生碰撞与结合，最终产生的较大行星则继续“吞噬”其他小行星。

为什么火星上面可能存在生命？

火星的两极与地球十分相似，也被冰雪覆盖着。冰雪的存在证明有水存在，水的存在是是否有生命存在的必要前提之一。为了探索火星上是否存在生命，科学家先后派遣了 20 余颗探测器对火星进行科学探测。截至目前，虽然没有发现任何生命迹象，但火星仍然是太阳系里除了地球外，最有可能存在生命的星球。

大约在40亿年以前，火星与地球环境很相似，有河流、湖泊，甚至可能还有海洋。

火星是太阳系八大行星之一，属于类地行星，直径约为6794千米，体积约为地球的$\frac{1}{8}$。

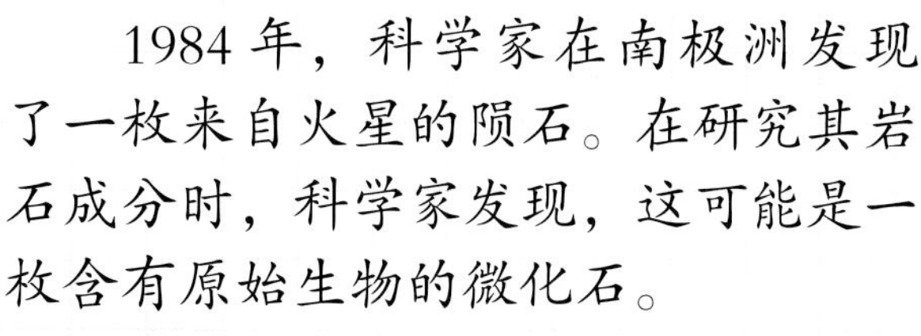

目前已有“海盗1号”、“海盗2号”、“勇气号”、“机遇号”和“好奇号”等探测器登陆火星。这些火星探测器已发回数万张与火星相关的照片以及数据。

1984年，科学家在南极洲发现了一枚来自火星的陨石。在研究其岩石成分时，科学家发现，这可能是一枚含有原始生物的微化石。

为什么科学家要发明天文望远镜等工具？

神秘而美丽的天空吸引着人类的目光，人类不仅为天空中的星星取名字，而且还编织了许多关于天空的美妙故事。然而人类对天空的了解却很少，因为用最快的火箭飞向距离地球最近的恒星也需要约 10 000 年。因此，科学家们便发明了天文望远镜、空间探测器等工具，用于观察天空，探索宇宙。

好酷的天文望远镜！

空间探测器按探测对象可划分为月球探测器、行星和行星际探测器、小天体探测器等。

人们常常把恒星划分成若干个大小不一的区域，每个区域形成一个星座。每个星座是用与它的形状相似的动物、器物来命名的。

孩子，那是咱们的星座。

真是太美妙了！

高海拔且干燥的山顶，是用天文望远镜观赏星空的最佳地点，因为那里远离城市的灯光。

“旅行者 1 号”是目前离地球最远的一颗空间探测器，它已经飞出太阳系，进入星际空间。这颗已经工作了 36 年的空间探测器，预计将于 2025 年耗尽其携带的核电池，然后停止工作，继续向银河系的中心飞去。

太感动了，我看到牛郎星和织女星了！

为什么彗星被称为“扫帚星”？

彗星是一种绕太阳运行的质量较小的云雾状小天体。彗星一般由彗头和彗尾组成，彗头一般包括彗核、彗发和彗云三个部分（并不是所有彗星都包含这三部分）。当彗星距离太阳比较近的时候，由冰冻着的杂质和尘埃等物质组成的彗星会蒸发、汽化、喷发，从而产生一道长长的尾巴，这道长长的尾巴，我们称之为“彗尾”。由于彗尾形状与“扫帚”很像，所以人们又把彗星叫作“扫帚星”。

彗星的运行轨道有椭圆、抛物线和双曲线三种，但不管什么时候，彗核都是向着太阳的。

1705 年，英国天文学家爱德蒙·哈雷指出：1682 年曾引起世人极大关注的大彗星，将于 1758 年再次出现在天空中。1758 年圣诞之夜，一位天文爱好者果真发现了回归的彗星。为了纪念爱德蒙·哈雷这位伟大的天文学家，后人便把这颗彗星命名为“哈雷彗星”。

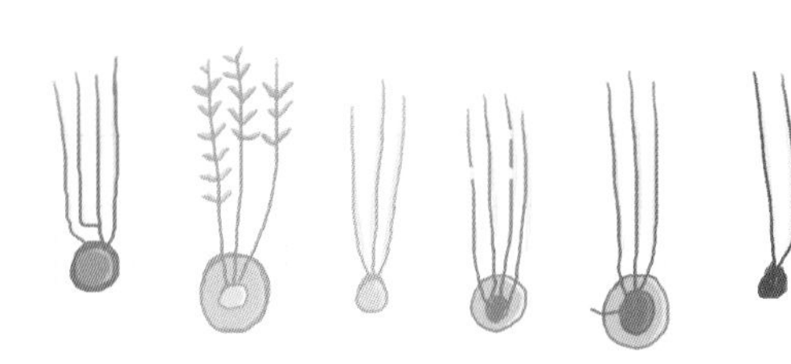

根据长沙马王堆汉墓出土的“帛书彗星图”记载，我国首次观察到哈雷彗星大约在公元前 1057 年。

在我国民间，人们把彗星贬称为“灾星”，认为天空一旦出现彗星，地球就会有战争、饥荒、洪水、瘟疫等不好的事情发生。当然，这种说法是不科学的。

为什么会有流星？

人们仰望夜空时，有时会看到一道明亮的闪光划破长空，飞逝而去。这是因为宇宙存在着大量的宇宙尘埃和固体块等流星体，这些星际空间的流星体有时会因为受到地球引力的摄动，穿过地球的大气层，与大气分子发生剧烈摩擦，从而燃烧发光，并在夜空中划出一道光迹，这种现象人们称之为"流星"。

和单个流星不同，流星雨看起来像是从夜空中的一点迸发出，并坠落下来的特殊天象。

据预测，今晚将
有一场特大流星
雨降临地球。

流星体与大气摩擦形成的流星可分为单个流星、火流星、流星雨几种。而那些在与大气摩擦的过程中没有燃尽，最终落在地球表面的大流星体，则称为“陨星”。

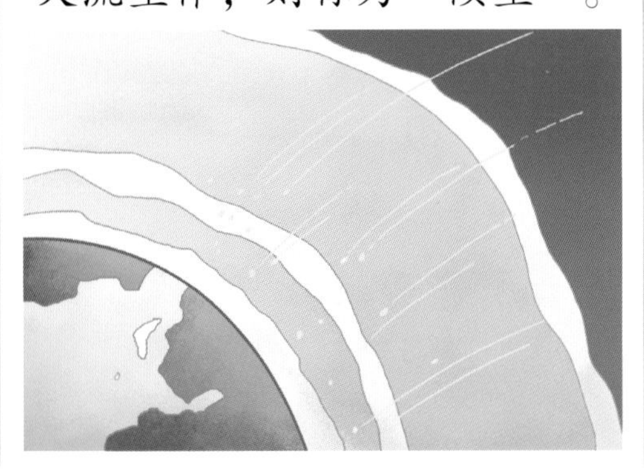

流星发生的区域和时间都具有随机性，但流星雨有时间上的周期性，有些还能被科学地预测，因此流星雨也被叫作“周期流星”。

我国是世界上最早发现并记载流星雨的国家。《左传》中“鲁庄公七年夏四月辛卯夜，恒星不见，夜中星陨如雨”的句子，即是世界上有关天琴座流星雨的最早记录。

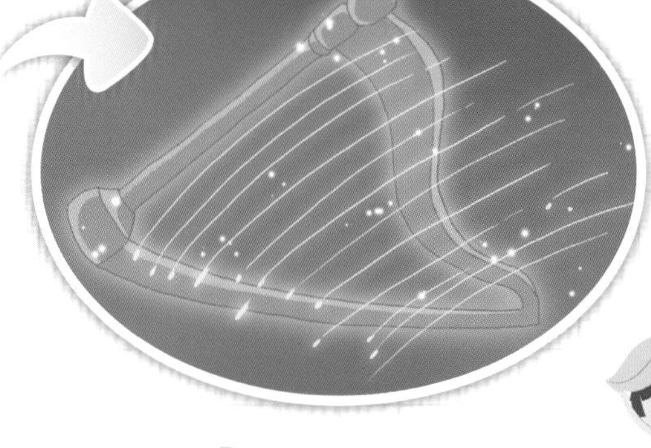

为什么"银河"其实并不是一条河？

晴朗的夜晚，当你抬头仰望时，可以看见一条巨大的光带跨越整个天空，那就是银河。银河并不是一条真正的河，那里面没有水，有的只是一颗颗闪闪发光的恒星。由于恒星距离我们很远，加上其数量也较多，所以站在地球上看起来就像是一条发光的河流，因此人们就称它为"银河"。

我是独一无二的。
在银河，像你这样的恒星多着呢。
太阳
地球

银河里的小光点实际上是一颗颗巨大的恒星，整个银河系至少由1000亿颗以上的恒星组成。

星系是一个恒星系统，它是宇宙中数量庞大的星星的“岛屿”。我们地球所处的星系是银河系。银河系直径约为100 000光年，中心厚度约为12 000光年，总质量是太阳质量的1400亿倍。

银河真美！

从侧面看，银河系像一个中心略鼓的大圆盘，太阳则位于距银河系中心大约26 000光年处。

妈妈，他们会掉进河里吗？
呵呵，银河不是河呢。

在世界各地，许多神话都是以银河系为题材的。如我国传统节日“七夕节”，讲述的便是每年的农历七月初七日，喜鹊在银河搭鹊桥，牛郎织女在鹊桥相会的美好传说。

为什么一年中会有春夏秋冬？

根据不断变化的气候，人们把一年划分成春、夏、秋、冬四个季节。那气候为什么会产生变化呢？地球的赤道与地球公转的轨道面有一个倾斜角，这导致太阳光照射地球表面的角度，会随着公转和自转不断变化。因此，地球上不同的地方接受到的热量，也会随之发生改变，天气的冷暖变化也就产生了。

春 夏

秋 冬

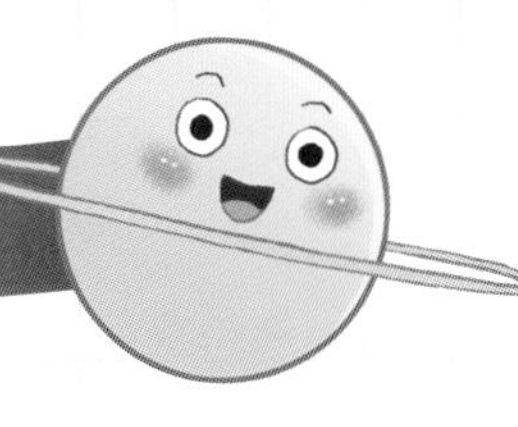

夏天来了，好热！

地球绕太阳运行的轨道是一个椭圆。地球运行的过程中，它有时离太阳近一些，有时又离太阳远一些，所以四季的时间长短并不完全相等。

根据气候统计法，季节通常以温度来区分。一般3月~5月为春季，6月~8月为夏季，9月~11月为秋季，12月~次年2月为冬季。

在南极和北极，半年是夏季，半年是冬季，一年只有这两个季节交替变化。夏季太阳整日不落，叫“极昼”；冬季终日不见太阳，叫“极夜”。

由于四季气候的变化，许多动植物的作息情况也会随之发生变化，如熊到冬季要冬眠、大雁要南飞等。

为什么一年中，所有的白天不是一样长？

一年中，只有秋分和春分这两天的白天是一样长的，其他日子的白天则有长有短。拿北半球来说，冬至这一天白天最短；过了冬至，白天会慢慢变长；到夏至这一天，白天达到一年中最长；过了夏至，白天又慢慢变短。南半球和北半球正好相反。

从天亮到天黑，这段时间属于白天，白天和黑夜是组成一天的两部分。

人们又根据昼夜的长短和中午太阳影子的高低，将一年分为了二十四节气。

今天就是
冬至了！
2013年12月
22
星期日

冬至是二十四节气中的第二十二个节气，时间在每年的12月21日～23日之间。我国古代对冬至很重视，有“冬至大如年”的说法，并有许多庆祝冬至的习俗。

春分过后，南极附近就会出现极夜，此后极夜范围越来越大，并在夏至这天达到最大，边界到达南极圈。

为什么地球另一边的人不会头朝下？

我们所说的向下指的是地心方向，向上指的是大气方向，也就是空中。地球表面上的一切物体，包括人和大气层，都受着地心引力的作用。地心引力的方向是朝着地球中心的，因此，无论住在地球的什么地方，大家都是脚朝着地心，头朝着天空生活的。

"万有引力定律"是谁发现的呢？

地球是一个两极略扁、赤道稍鼓的行星，因此，赤道地区的引力最小。越靠近两极，地心引力越大。如在印度沿海地区，人的体重会比较轻，而在太平洋南部，人的体重则比较重。

（印度沿海地区）

（太平洋南部）

牛顿是英国伟大的科学家。一次，他坐在树下沉思，不小心被落下的苹果砸到了脑袋。受到苹果落地的启发，牛顿经过思考与研究，最终发现了“万有引力定律”。

在牛顿发现万有引力定律以前，德国著名的天文学家开普勒也已经认识到，要维持行星沿椭圆轨道运动，必定有一种力起着作用。而且，他认为这种“力”类似于磁石吸引金属的磁力。

万有引力定律是物体间由于它们的引力质量而引起的相互吸引力所遵循的规律。因为地球的质量相当大，所以对其周围的任何物体都具有很强的地心引力。

为什么南极要比北极更冷些？

南极地区是一块冰原大陆，储藏热量的能力较弱，加上巨厚的冰层和常年的大风，南极的年平均气温可达 −56℃。相比之下，北极地区陆地面积小，大部分为北冰洋。由于海水的热容量大，能吸收较多的热量，这使得北冰洋成为了一个有效的“蓄热池”，能够在冬天的时候利用夏天储存的热能为北极加热，所以北极的年平均气温比南极要高，也没有南极那么寒冷。

企鹅兄弟，你家也太冷了！

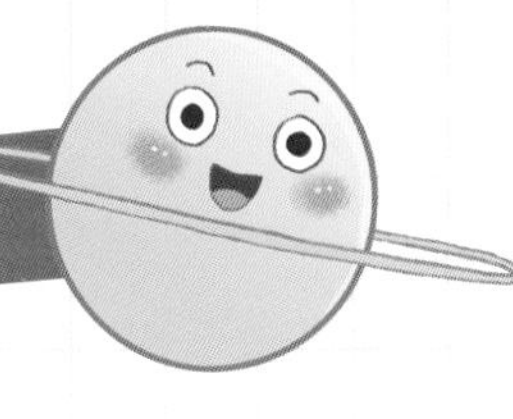

据测量，北极的最低气温只有 -60℃，而南极的最低气温可达 -90℃。

南极洲矿产资源极其丰富，据统计达 220 余种。其中，煤储存量约为 5000 亿吨，石油储存量达 500 亿~1000 亿桶，天然气储存量为 30 000 亿~50 000 亿立方米。煤和石油的储存量排名世界第一。

这么多鱼，我可以吃好几顿了。

从 18 世纪起，探险家们纷纷南下去寻找传说中的南方大陆，也就是现在的南极洲。

咦？那是什么？

南极洲是地球上最后一个被发现、唯一没有土著人居住的大陆，被人们称为“第七大陆”。作为一个巨大的天然“冷库”，它拥有地球 70% 左右的淡水资源，是世界淡水的重要储藏地。

“为什么”博士的科普博物馆

为什么海洋中冰山上的冰没有咸味？

冰山是冰川边缘伸向海洋中的部分在风、浪和潮水作用下碎裂而形成的。冰山是浮在海洋中的巨大冰块，长年不化。海洋中的冰山，其实是由距离淡水较近的水流冻结之后而成，是没有咸味的。这是因为海水含盐度很高，不容易结冰，更不用说会形成冰山了。

我们得研究一下
如何利用冰山的
淡水资源?

南极的冰山比北极的要大，有的仅厚度就达到了 800 米。冰山是很宝贵的淡水资源，只是受科学水平的限制，人类目前还无法很好地利用冰山淡水资源。

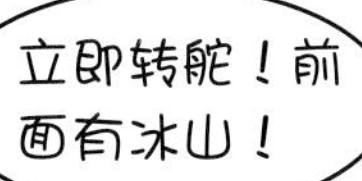
立即转舵！前
面有冰山！

在风的影响下，冰山会以很快的速度在海上漂移，这会给过往的船只及海上设施带来毁灭性的灾难。

根据阿基米德定律，自由漂浮的冰山会有大约90%的体积沉在海水表面下，因此，仅仅依据冰山浮在海面上的形状，很难判断其水下的形状。

1912 年 4 月，著名的“泰坦尼克号”沉船事件，便是因为邮轮撞击到了冰山而造成的。这次事故共导致 1500 多人丧生，是历史上最惨重的海难之一。

那一幕可真
悲惨。

为什么会有瀑布？

由于地壳运动产生的断裂、错位，使得地球表面形成了很多断崖绝壁。河水流过这些断崖绝壁时，形成了倾泻而下的水柱，这就是"瀑布"。另外，地下也可能有瀑布存在，因为地下暗河在溶洞中流过时，一旦遇到地势变化，便很容易形成地下瀑布。

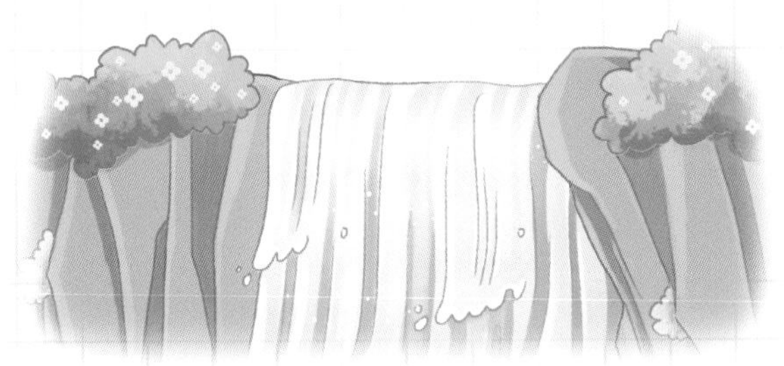

瀑布是一种极为壮美的自然景观。尼亚加拉瀑布、维多利亚瀑布和伊瓜苏瀑布，是世界上最著名的三大瀑布。

我国也有许多著名的瀑布，如壶口瀑布、庐山瀑布、九寨沟瀑布和黄果树瀑布等。

俺的水帘洞
漂亮吧。

唐代著名大诗人李白创作了一首名诗："日照香炉生紫烟，遥看瀑布挂前川。飞流直下三千尺，疑是银河落九天"。李白生动而形象地描绘了庐山瀑布的雄伟壮观。

飞流直下三千尺，
疑是银河落九天。

瀑布就是这样
形成的。

世界上落差最大的瀑布是我国的兰溪瀑布，总落差约 1055 米，位于四川省眉山市洪雅县瓦屋山境内。

为什么天空是蓝色的？

地球的表面包围着一层很厚的大气层，大气层中含有许多微小的沙尘、冰晶和水滴。当太阳光穿越大气层时，空气分子会对光线产生散射作用。空气分子对波长较短的光线散射作用比较强烈，对波长较长的光线散射作用很小。蓝色光的波长较短，所以空气分子对蓝色光的散射要强得多。被散射了的蓝色光布满天空，于是天空便呈现出一片蔚蓝的颜色。

云是透明的水蒸气变的，当遇到冷空气时，云凝结成小冰晶，这时的云看上去便是白色的。乌云是又厚又浓的云，它会把太阳遮住，所以这时的云看上去是黑色的。而当太阳升起或落下时，红光四射，把云照得红彤彤的，此时的云就又变成了朝霞或晚霞。

天上的白云被风吹得四处飘荡，会变成不同的形状，十分好看。

人们可以根据天空中的云推测天气情况。比如“日晕三更雨，月晕午时风”，说的是如果在卷层云上产生日晕或月晕，这是大风雨的征兆。而“晚霞行千里”，则说的是如果天空中出现晚霞，那么最近几天天气晴朗。

太阳的紫光最弱，它们几乎连地球大气层的第一道门都进不来，所以如果乘宇宙飞船到更高的地方看天空，天空的颜色不是蓝色的，而是紫色的。

为什么先看到闪电，后听到雷声？

闪电和打雷其实是同时发生的。闪电是一种光，其在空中的速度约每秒 30 万千米，而雷声是一种声音，其速度只有大约每秒 340 米。因为雷声速度比闪电速度慢，所以我们总是先看到闪电，再听到雷声。

好可怕呀！

闪电是巨大的放电过程，其每次电击能量可达300万兆瓦，相当于美国所有电站在一瞬间产生的能量。

闪电可以将空中的一部分氮转化为氮化合物，成为农作物的化学肥料。一年当中，地球上每一公顷的土地都可获得几千克从高空来的免费肥料。

闪电可以使空中的氧气发生改变，生成极少量的臭氧净化空气。所以，雨后人们一般都会感到空气非常清新。

如果在户外碰上打雷，千万不要躲在大树或电线杆下，也不要站在空旷的田野里，应该尽量躲在低洼处，两脚并拢蹲下。

电闪雷鸣、风雨交加时，应立即关掉室内的电视机、收音机、音响、空调等电器的电源，以避免触电。

为什么雨后会有彩虹？

彩虹是一种自然光学现象。大雨过后，天空中会飘浮着许多小水珠。这些小水珠就像一个个悬浮在空中的三棱镜，当太阳光射过小水珠时，会被分解成红、橙、黄、绿、青、蓝、紫七色光谱，并被再次反射回天空。这时，如果站在太阳和雨滴形成的雨幕之间，我们便会看到一条色彩缤纷的彩虹。

呀！彩虹
出现了！

瞧，一座
彩虹桥！

彩虹大多出现在夏季雨后转晴的午后，一般不会出现在冬天。这是因为冬天的气温较低，空中不容易出现小水滴，下阵雨的机会相对比较少。

站在瀑布附近，背对着阳光往空中洒水或喷水雾，也可以看到彩虹哦。

与在地面看到的拱形彩虹不同，在飞机上看到的彩虹是完整的圆形，其正中心是飞机行进的方向。

很多时候，在平常的彩虹外边会出现另一条与之同心的彩虹，这便是人们说的“双重彩虹”。其中位于上方较暗的彩虹叫“霓”(副虹)，它是阳光在水滴中经两次反射而形成的。在水滴内一次反射而形成的便是我们常见的彩虹(主虹)。

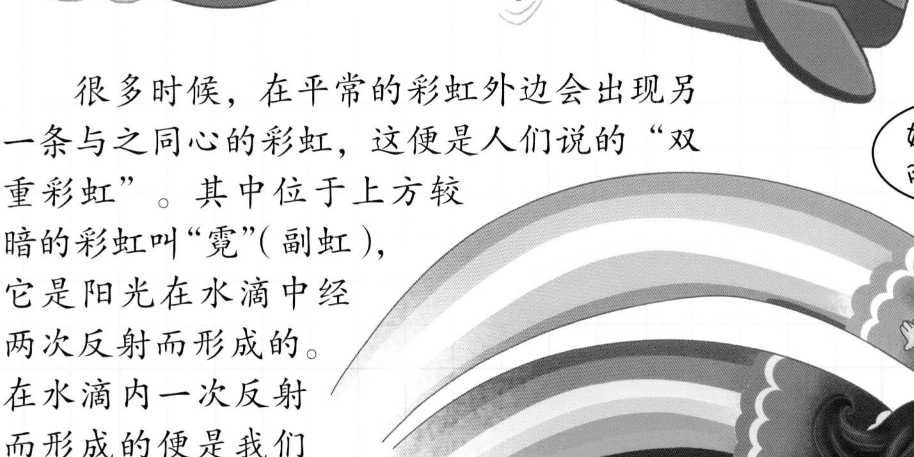
姐姐，我来
陪你了。
副虹
主虹

为什么海水不能喝？

海水中含有大量的盐和其他多种元素，其中很多元素是人体所必需的。但是海水中各种物质的浓度太高，远远超过饮用水的卫生标准。如果大量饮用，会导致某些元素摄入过量，从而影响人体正常的生理功能，严重的还会引起中毒。

海水里这么多的盐是从哪儿来的呢？科学家认为，海水中的盐是由陆地上的江河通过流水带来的。当雨水降到地面时，便向低处汇集，形成小河，流入江河，最后流入大海。水在流动过程中，经过各种土壤和岩层，使其分解产生各种盐类物质，这些物质也随水被带进了大海。海水经过不断蒸发，盐的浓度越来越高，加上海洋形成已久，海水中含有这么多的盐也就不奇怪了。

斯堪的纳维亚半岛流传着一个民间故事：海水之所以总是咸的，是因为海底有一个神仙，她有一盘磨盐的磨子一直不停地转动，所以海水是咸的。

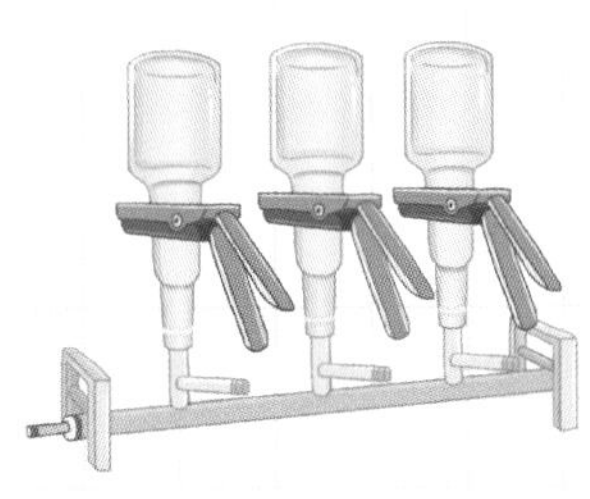

如果想利用海水，就必须想办法将海水中的盐和其他物质分解出来。但是，以目前的科学水平，人类还无法很好地分解海水。

咱们装点海水
带回去喝吧。
傻孩子，海水
太咸了，喝多
了会中毒的。

如果喝了海水，可以采取饮用大量淡水的办法补救。大量淡水可以稀释人体内过多的矿物质和元素，然后通过尿液和汗液将海水排出体外。

为什么会形成沙漠？

沙漠是指地面完全为沙所覆盖，缺乏流水，气候干燥，植物稀少的地区。沙漠的形成主要有两个原因：干旱和风。沙漠地区降水极少，且蒸发量远远大于降水量，强大的风又能卷起大量浮沙，不断地吹蚀地面，再加上人类对森林的乱砍滥伐，沙漠便很容易形成了。

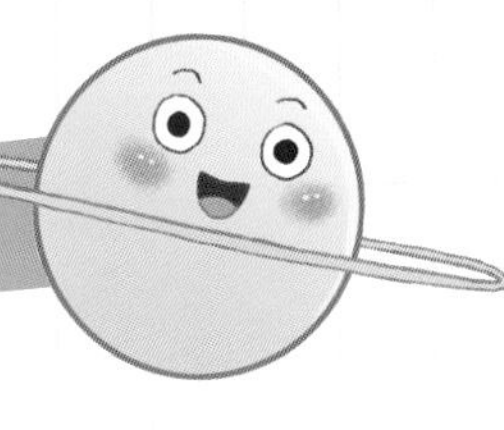

沙漠中，白天和夜晚的温差变化很大。夏天的午间，近地表温度可达60℃~80℃，而夜间却可降至10℃以下。

到目前为止，沙漠已占地球陆地总面积的10％，而且还有43％的土地正面临着沙漠化的威胁。为此，我们人类应千方百计采取各种措施防沙治沙。

让我们一起种树，
共同保卫家园！

防止沙漠化及沙漠化逆转的关键是要保持土地的湿润，而种植具有储水、耐风、耐寒性能的植物和树木，是目前最有效的办法之一。

撒哈拉大沙漠作为世界最大的沙漠，给人类带来了很大的危害。如不断地吞没农田、村庄，埋没铁路、公路等。

为什么沙漠上会有绿洲？

绿洲指沙漠中有水有草的绿地。这些绿地附近的高山上冬季积有厚厚的冰雪，到了夏季，冰雪消融，雪水穿过山谷的缝隙流到沙漠的低谷地段，最终隐匿在地下的沙子和黏土层之间，形成地下河。地下水滋润着沙漠上的植物，且可供人畜饮用，为沙漠带来一片生机，渐渐地，这些地方就成为了"绿洲"。

沙漠中的绿洲夏季气温高，光热条件优越，只要有充足的灌溉水源，水稻、小麦、棉花、瓜果、甜菜等农作物便能生长良好。如我国新疆的吐鲁番，即是因其盛产哈密瓜和葡萄，而被誉为“葡萄和瓜果之乡”。

又香又甜，
快来买哟！

在非洲的撒哈拉沙漠，人们甚至能从沙漠的地下河里钓到鱼。

绿洲是沙漠中的沃土，这里水源丰富，可供人畜饮用，所以我们要大力保护绿洲。

沙漠中偶尔会在空中出现高大的楼台、城廓、树木等幻景，这种现象被称为“海市蜃楼”。

为什么早晨的空气不是最新鲜的？

夜晚，高空的温度比地面的温度高，天空中很容易形成像被子一样的"逆温层"。"逆温层"罩在我们的头顶，使空气污染物也被压在里面，不易扩散。只有等到太阳升起后，地面温度迅速上升，"逆温层"逐渐消失，污染物被带到高空向上扩散掉，空气才会变得清新起来。

一天中，空气最新鲜的时段是上午10点左右和下午3点~4点；而晚上7点到第二天早上8点这段时间，是污染高峰期，空气最不新鲜。

上午8点左右和傍晚前后，大气中悬浮的细颗粒物分别排第一和第二，所以老年人出门锻炼，最好选择下午3点~4点。此时，太阳不毒辣，空气也好。

现在还早呢，等
会儿再去锻炼吧。

清晨是一天中气温最低的时候，这段时间不利于中老年人或体弱多病者锻炼，因为此时段是心脏病发作的高峰时段，也是猝死发生最多的时段。

雷阵雨过后，空气会特别新鲜。原因有二：一是大雨冲掉了空气中的大部分灰尘，就像给空气洗了个澡；二是闪电过程中发生的化学反应，把一些氧气变成了臭氧，臭氧能净化空气，使空气更清新。

洗了个澡真
舒服！

为什么人工可以降雨？

科学家发现，如果云层中没有凝聚核，即使空气中有足够的水蒸气，也不可能形成一滴雨水。根据这个原理，人工往云层较厚的高空播撒少量的干冰、食盐等催化剂。这些催化剂一边充当凝聚核，将周围的水汽转移到自己身上，一边使云内温度迅速下降，致使细小的水滴和冰晶迅速增多变重，当云层再也托不住时，最后便形成了降水。

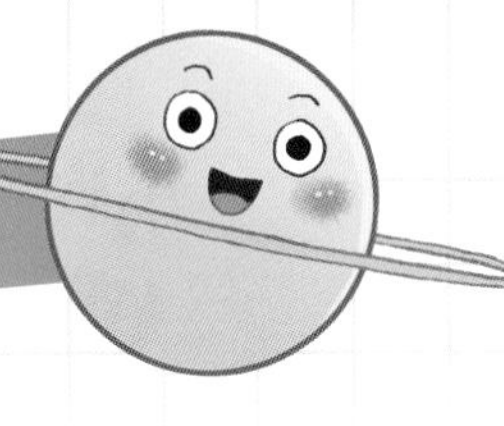

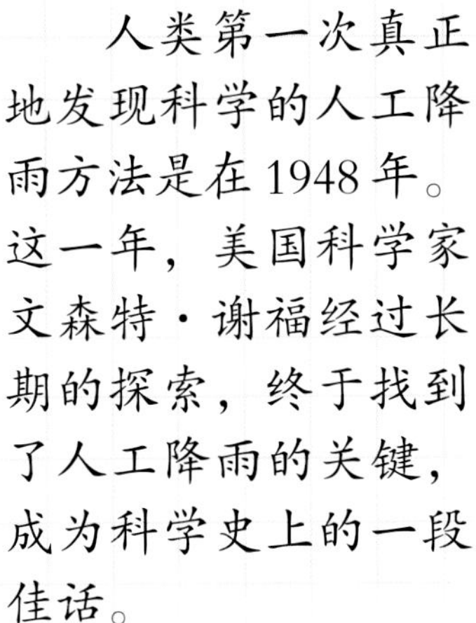
我给人间降
雨呀！

仙女姐姐，
你在干吗？

人类第一次真正地发现科学的人工降雨方法是在1948年。这一年，美国科学家文森特·谢福经过长期的探索，终于找到了人工降雨的关键，成为科学史上的一段佳话。

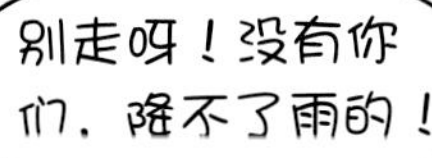
别走呀！没有你
们，降不了雨的！

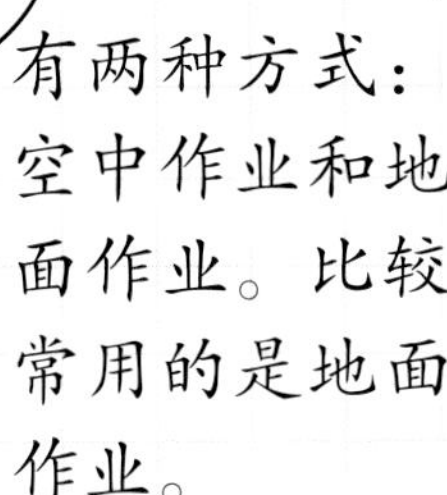
明天将实施人
工降雨，请市
民备好雨具。

现在我们虽然已经掌握了人工降雨的方法，但前提是大气中必须有足够的水蒸气。比如干旱地区上空如果没有足够的云层，仍然无法进行人工降雨。

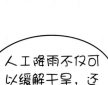

人工降雨有两种方式：空中作业和地面作业。比较常用的是地面作业。

人工降雨不仅可
以缓解干旱，还
能应用于救灾。

1987年，我国大兴安岭发生了特大森林火灾，人工降雨对扑灭大火起了重要作用。

为什么冬天会下雪？

寒冷的冬天，很多地方的地表温度都会降到零度以下，高空的温度就更低了。这时，云中的水汽会直接凝结成小冰晶、小雪花。当这些雪花增大到一定程度，气流再也托不住时，雪花便会从云层里掉下来，这就是下雪了。

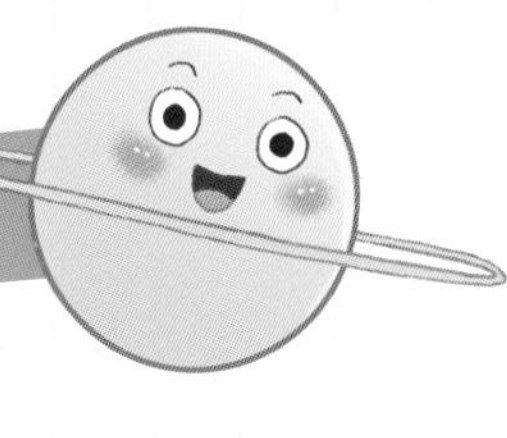

水汽不先变成水，而是直接变成冰晶，这种过程叫作“凝华”。可见，雪其实是空中的水汽经凝华而来的固态降水。

冬天的早晨，玻璃窗上经常会有一层漂亮而透明的“窗花”，这是房间里的湿气遇到冰冷的玻璃，凝结而成的冰晶。

谚语“瑞雪兆丰年”，意思是冬天适时的一场大雪，预示着来年的庄稼会大丰收。这是因为松软的大雪就像保暖的棉被，既可以保护农作物不被冻坏，又可以把害虫冻死，雪融化后，还可以为农作物提供生长所需的水分。

不客气！
真是谢谢你们了！

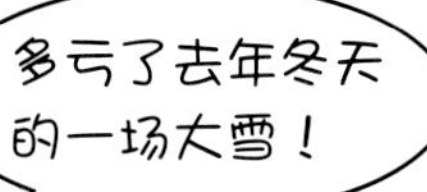

多亏了去年冬天的一场大雪！

雪对庄稼也会有害，在三四月份的仲春季节，如果突然下起大雪，就会把庄稼冻坏。因此农村也有谚语说：“腊雪是宝，春雪不好。”

为什么会有风？

在气象学上，风指空气在水平方向的流动。为什么空气会流动呢？由于受大气环流、地形、水域等不同因素的综合影响，太阳光照射在地球表面上时，各地受热并不均匀，因此空气的温度也就有高有低。而气温高则气压低，气温低则气压高。当两地之间存在气压差异时，空气就会从气压高的地方向气压低的地方流动，这样便形成了风。

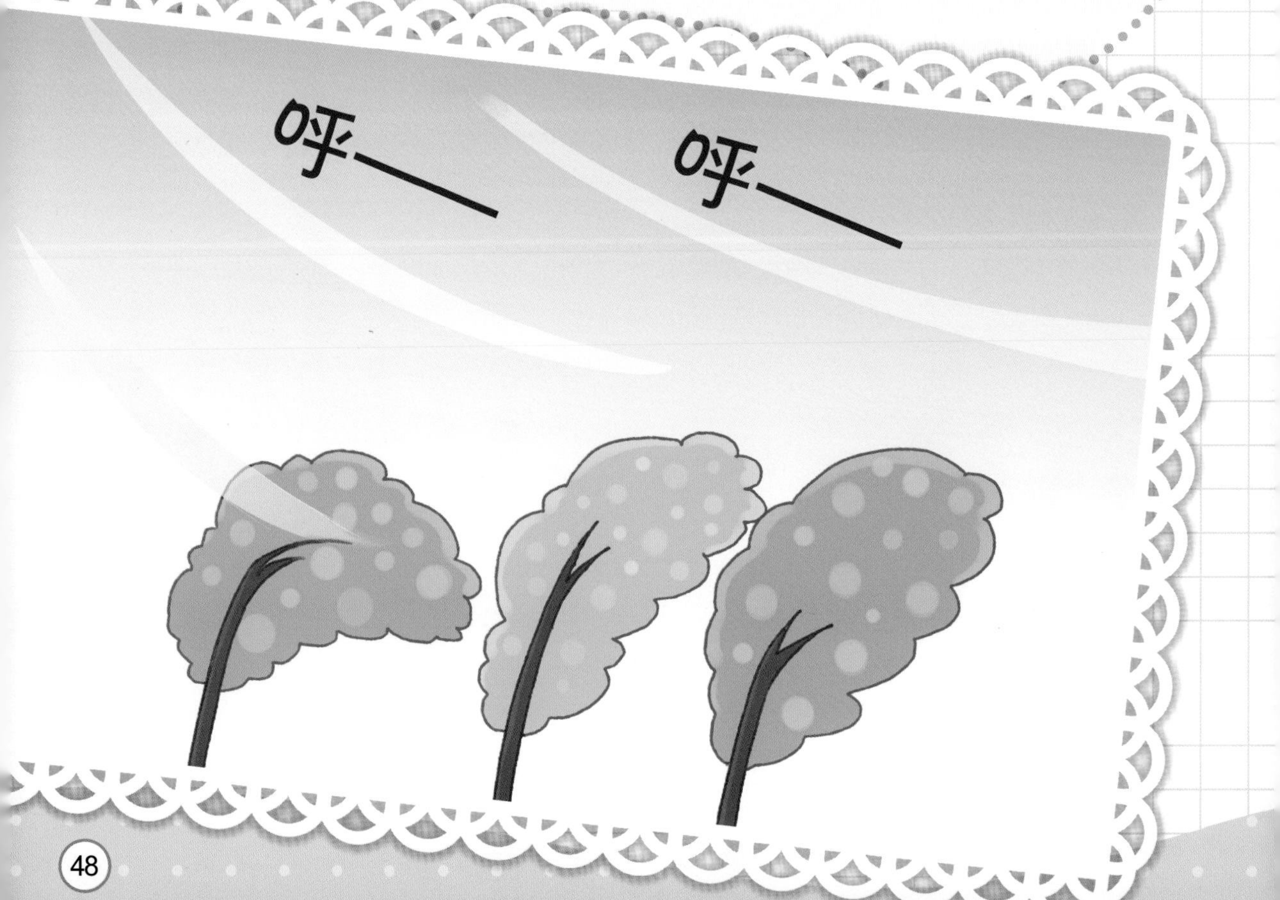

呼——　呼——

风是地球上的一种自然现象。两地的气压差异越大，风就越大；如果两地气压相等，风便会停止。

按风力的大小，风可划分为 0 级～12 级。台风指的是中心附近的风力达到 12 级的强烈风暴。台风虽然为广大地区带来了充足的雨水，但是也给人类带来了极大的破坏，台风是世界上最严重的自然灾害之一。

自然界中，实际风力有时会超过 12 级。比如龙卷风，它的风力往往就要比 12 级大得多。只是 12 级以上的大风比较少见，所以一般不具体规定级数。

徐徐的微风，真舒服！

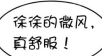

龙卷风是大气中最强烈的涡旋现象，其中心附近风速达 100～200 米 / 秒，最大可达 300 米 / 秒。虽然龙卷风影响范围小，但其破坏力极大，如使庄稼瞬间被毁、房屋倒塌、人畜生命遭受危害等。

为什么会有雾？

白天，太阳照射地面，使得地面吸收大量热量的同时，水分也被大量蒸发并进入空中。到了傍晚，空中气温开始下降，地面热量的散发又导致近地面的温度也随着下降，于是空气发生了液化。当空中的水汽超过饱和状态，多余的水便会凝结成小水珠，这就是雾。

重庆是中国的“雾都”，
这与它的地形和地理位
置有关。

重庆位于长江和嘉陵江的交汇处，空气中的水汽很充沛，再加上其盆地地形，一到夜晚，盆地边缘的冷空气便会沿着山坡下沉，使地面温度急剧下降，从而容易形成大雾。

这天气让人感
觉真不舒服。
咳

因为雾中含有尘埃、细菌等，所以人们呼吸了之后，会导致鼻炎、咽炎、支气管炎、肺癌等疾病的发病率明显增高，这给人们的健康带来了很大的危害。

都是水珠，我
怎么开车呀！

秋冬季节，由于夜长，地面温度急剧下降，这使得靠近地面空气中的水汽，容易在后半夜到早晨这个时间段达到饱和，凝结成小水珠，继而形成雾。而秋冬的清晨气温最低，是雾最大的时刻。

孩子，外面雾
蒙蒙的，我们
还是进去吧。

大雾天气时，人们应尽量减少户外活动的时间。不得不外出时，要戴上围巾、口罩，中老年人、儿童及身体虚弱的人尤其应注意防护。

为什么云不会掉下来？

云和雾一样，都是一团从地面上升的水汽。太阳照射地面，把地面的水分蒸发成水蒸气。水蒸气一边上升，一边会慢慢冷下来，凝结成大量的小水滴，继而形成一块一块的云。由于这些小水滴体积很轻，上升空气可以托住它们，因此云朵便可以浮在天空中，而不会掉下来。

云和雾的区别：云在高空，而雾在接近地面的地方。不过，雾有时候会被上升空气抬上高空，这时雾便会变成云。

云主要有积云、层云和卷云三种形态。

积云如同棉花团，常常在上午出现，午后最多，傍晚渐渐消散。积云往往在距离地面2000米左右的天空中。

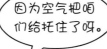

卷云是最轻盈、站得最高的云，属高云族。这种云很薄，阳光可以透过云层照到地面。

层云属低云族，距离地面的高度常在2000米以下。层云的出现，往往代表着不久后天气就将转阴，继而下雨或下雪。

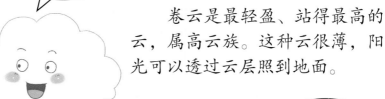

为什么喜马拉雅山脉会不断升高？

喜马拉雅山脉是世界海拔最高的山脉。4000 万年前，南面的印度洋板块开始向北面移动，到了 2000 万年前，它与北面的亚欧板块碰撞在一起。此后，两大板块的地层互相剧烈地挤压，最终形成了喜马拉雅山脉。据研究发现，印度板块和亚欧板块至今仍在互相挤压，因此喜马拉雅山脉还在不断升高。

喜马拉雅山脉位于我国青藏高原南部边缘，平均海拔高达6000米左右，终年为冰雪覆盖。在藏语中，“喜马拉雅”是“冰雪之乡”的意思。

这里怎么变成
一座山了？

2.25亿年前，喜马拉雅山脉所在的地方还是一片无边无际的海洋，属于古地中海的一部分。

哈哈，我又
长高了！
8844.43米

两个板块相撞有时还会出现另一种情况，接触部分的岩层还没来得及发生弯曲变形，其中一个板块已经深深地插入另一个板块的底部，把自己的老岩层一直带到高温地幔中，最后被熔化掉，这时便会形成很深的海沟。西太平洋海底的一些大海沟就是这样形成的。

撞得我头
晕乎乎的。
砰！

珠穆朗玛峰坐落在喜马拉雅山脉之上，是世界最高峰，海拔8844.43米。“珠穆朗玛”的藏语意思是“女神”，象征着此山峰像女神一样立于地球之巅，俯视着人间，保护着善良的人们。

为什么会发生泥石流？

泥石流由山体松动造成，常常发生在山区或高原冰川区。这些地方地形陡峭，山体破碎，植被少，一旦遇到暴雨或冰川解冻，石块容易出现松动，继而顺着斜坡向下移动。随着石块之间互相挤压和冲撞，山体出现滑坡，并携带泥石和泥浆水，最后汇成一股巨大的洪流滚滚而下，泥石流便发生了。

泥石流是一种灾害性的地质现象。泥石流会导致良田变荒漠，房屋变废墟，公路铁路等基础设施被冲毁，甚至村镇被毁坏，并导致人员伤亡。

泥石流真可怕！

泥石流广泛分布于世界各国。据统计，全世界每年要发生近 10 万次大大小小的泥石流。

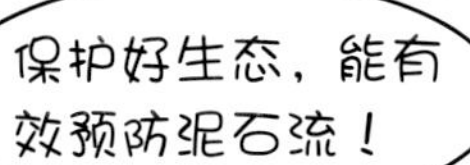

除了地形陡峭、松散堆积物丰富、特大暴雨等自然原因，人类对大自然的不合理开发和利用，也是导致泥石流发生的重要原因。

老朋友，我们又见面了。

在我国，泥石流沟有 1 万多条，主要分布在西藏、四川、云南和甘肃。连续降雨、暴雨，尤其是特大暴雨是其发生的主要原因。因此，我国泥石流具有明显的季节性，发生时间与集中降雨时间规律相一致。

为什么会发生地震？

大部分的地震都是由于地壳内部的物质不断运动和地球自转相互作用的结果。这些运动导致巨大而坚硬的岩石层发生扭曲，并逐渐断裂。当有些断裂来得非常突然，力量又很大的时候，就会产生破坏力极大的地震波。地震波的波动传到地面，地震就发生了。

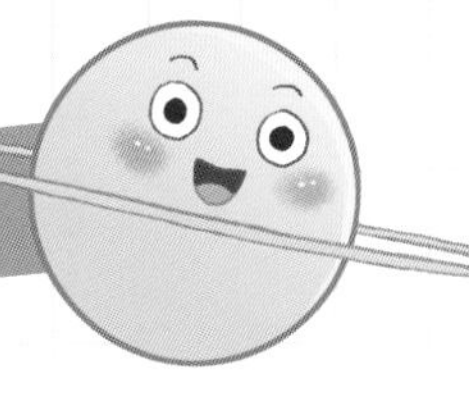

幸亏我带了
救生圈。

地震是一种经常发生的灾害性自然现象。尤其是7级以上的地震，常常造成严重的人员伤亡，并可能引发海啸、滑坡等次生灾害。

今天是十五，可
能会发生地震。

据统计，地震大多发生在夜间。因为到了晚上，特别是初一和月中，月亮对地球的引力最大，导致地球的表面上升得最厉害，所以更容易发生地震。

由于科学技术的限制，人类目前还不能很准确地预报地震。但地震前地面可能会出现一些前兆，如井水陡涨陡落、冬蛇出洞、鱼跃水面、猪牛跳圈等。若发现了这些异常情况，应尽快向当地地震部门报告。

地震突然发生时，不要急着往楼梯或电梯间跑，更不要跳楼。应马上躲在有大柱子或有管道支撑的房间里，例如厨房、卫生间等；或蹲在坚实的家具旁，并用柔软的东西或双臂护住头部，等地震稍微平息后再迅速撤离。

为什么会有火山爆发？

在距离地面几百千米以下的地层中，有一种叫岩浆的物质。这种物质成分复杂，温度很高，具有流动性。由于来自地层上面的压力，岩浆并不能自由流动。但是地层各处厚薄不一，压力也有强有弱。当被困的岩浆找到压力薄弱的地方时，它会喷涌出来，这就形成了火山爆发。

死火山
我在火山上滑雪呢。

按活动情况，火山分为活火山、死火山和休眠火山三种。周期性喷发的火山是“活火山”；曾经喷发过，但此后已不再活动的叫“死火山”；曾经喷发过，但长期以来处于静止状态，可是又有可能会再次爆发的叫“休眠火山”。

我国的活火山和休眠火山，主要分布于台湾、黑龙江、吉林、内蒙古等地。

火山爆发会对气候造成极大的影响，倘若引发了泥石流，甚至会冲毁道路、桥梁，淹没乡村和城市。

太可怕了！伙伴们快逃命呀！

火山灰也有值得被利用的一面，如它可以作为农田的特殊养料，因为其所含的养分能使土地更肥沃。此外，火山灰在建筑材料、化学工业、塑料填料工业等方面也有一定的用途。

为什么会有海洋？

几十亿年前，地球很不稳定，经常发生大爆炸，使得地球内部的气体、水蒸气和岩浆不断地跑出来。这些水蒸气在上升过程中逐渐冷却，变成水滴，然后开始持续降雨。雨水在原始地壳的低洼处不断积累，最原始的海洋就这样形成了。

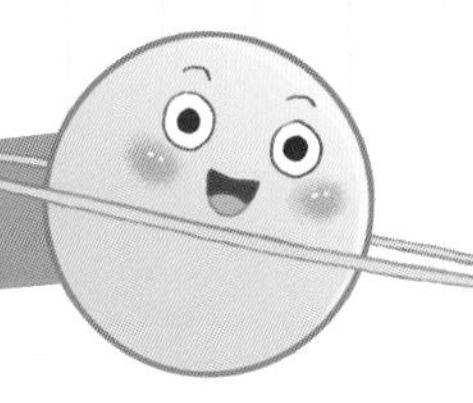

因为水蒸气是以含有盐、酸的尘埃和火山灰为凝结核，凝结成雨水，所以刚生成的海水还带有一点酸味。

珊瑚礁是海洋中最热闹的地方，里面生活着多种多样的海洋生物，因此珊瑚礁被认为是地球上最多姿多彩、最珍贵的生态系统之一。

在闪电、阳光等作用下，海水中的盐、酸成分发生急剧变化，从而产生了形成生命的基本物质——蛋白质和核酸。所以说，海洋是地球上生命的摇篮。

海洋与人类的生活息息相关、紧密相连，是我们生存与发展的“第二空间”。所以，我们要好好保护海洋，杜绝危害海洋的一切行为。

图书在版编目（CIP）数据

揭秘大自然 / 广州童年美术设计有限公司编著 .
-- 南京 : 江苏少年儿童出版社， 2014.1
（神奇的探索列车 · 儿童科普之旅 . “为什么”博士的科普博物馆）

ISBN 978-7-5346-7755-7

Ⅰ . ①揭… Ⅱ . ①广… Ⅲ . ①自然科学 – 儿童读物
Ⅳ . ① N49

中国版本图书馆 CIP 数据核字 (2013) 第 242778 号

书　　名	“为什么”博士的科普博物馆 · 揭秘大自然
编　　著	广州童年美术设计有限公司
责任编辑	张　亮　朱其娣　石　蕊
美术编辑	赵　喆　徐　劼
特约编辑	吴凌霄
装帧设计	刘　辉　赵婉微　谢小霞
出版发行	凤凰出版传媒股份有限公司 江苏少年儿童出版社
苏少地址	南京市湖南路 1 号 A 楼，邮编：210009
经　　销	凤凰出版传媒股份有限公司
印　　刷	广州佳达彩印有限公司
开　　本	787 × 1092 毫米　1/16
印　　张	4
版　　次	2014 年 1 月第 1 版　2014 年 1 月第 1 次印刷
书　　号	ISBN 978-7-5346-7755-7
定　　价	16.80 元

（图书如有印装错误请向出版社出版科调换）